國家古籍出版

專項經費資助項目

全漢三國六朝唐宋方書輯稿

顧問　余瀛鰲

四時纂要

唐・韓鄂　撰

范行準　輯佚

梁峻　整理

中醫古籍出版社
Publishing House of Ancient Chinese Medical Books

圖書在版編目（CIP）數據

四時纂要 /（唐）韓鄂撰；范行準輯佚；梁峻整理
.—北京：中醫古籍出版社，2022.12
（全漢三國六朝唐宋方書輯稿）
ISBN 978-7-5152-2611-8

Ⅰ.①四… Ⅱ.①韓… ②范… ③梁… Ⅲ.①農學—中國—唐代 Ⅳ.① S-092.42

中國版本圖書館 CIP 數據核字（2022）第 227835 號

全漢三國六朝唐宋方書輯稿
四時纂要　唐・韓鄂　撰
范行準　輯佚　梁峻　整理

策劃編輯　鄭　蓉
責任編輯　李　炎
封面設計　牛彥斌
出版發行　中醫古籍出版社
社　　址　北京市東城區東直門内南小街 16 號（100700）
電　　話　010-64089446（總編室）010-64002949（發行部）
網　　址　www.zhongyiguji.com.cn
印　　刷　廊坊市鴻煊印刷有限公司
開　　本　850mm × 1168mm　32 開
印　　張　3
字　　數　19 千字
版　　次　2022 年 12 月第 1 版　2022 年 12 月第 1 次印刷
書　　號　ISBN 978-7-5152-2611-8
定　　價　18.00 圓

序

在國家古籍整理出版專項經費資助下，《范行準輯佚中醫古文獻叢書》十一種合訂本于二〇〇七年順利出版。由於經費受限，范老的輯稿没有全部整理付梓。學界專家看到這十一種書的輯稿影印本後，評價甚高，建議繼續籌措經費出版輯稿。有人建議合訂本太厚，不利于讀者選擇性地購讀，故予改版分册出版（其中包括新整理本）。

中國醫藥學博大精深，存留醫籍幾近中華典籍的三分之一。究其原因，昔秦始皇焚書，『所不去者，醫藥卜筮種樹之書』。漢興，經李柱國和向歆父子等整理，《漢書·藝文志》收載方技（醫藥）類圖書，分醫經、經方、房中、神仙四類，二〇五卷，歷經改朝换代、戰事動蕩，醫籍忽聚忽散，遭受所謂『五厄』『十厄』之命運。然而，由於引經據典是古人慣常的行文方法，所以『必托之于神農黄帝而後能入説』。前代或同代醫籍被他人引用、注明出處便構成傳承的第一個環節。唐代醫學、文獻學大家王燾就是這個環節的楷模。正是由於這個引用環節的存在，爲輯佚奠定了基礎，即一旦被引用的醫籍散佚，還可以從引用醫籍中予以輯録，這是傳承的第二個環節。范行準先生集平生精力，輯佚出全漢三國六朝唐宋方書七十一種。其中毛筆小楷輯稿五十八種一二二冊，鋼筆輯稿十三種十三冊。除其中有人已輯佚出版或輯稿内容太少外，本套書收載的是從未面世的輯佚稿計二十多種，十分珍貴。爲方便今人理解，特邀專家爲每種書作解題，同時也適度包含考證考異内容，前後呼應，以體現這套叢書的相對整體性。

輯稿作爲珍貴的資源，一是因爲它靠人力從大量存世文獻中精審輯出包括今人不易看到的内容。以《删繁方》爲例，該書有若干内容引自《華佗録袟》，不僅通過輯稿可以看清《删繁方》原貌，而且據此還可以看到《華佗録袟》的部分内容。這不僅對當今學術的古代溯源循證具有重要價値，對未來學術傳承也具有重大意義。二是雖然輯稿不一定能恢復原書全貌，或辨清原書作者、成書年代等項仍存在大量需要考證考異的問題，但正是這些不完善之處，却給後世學者提出了有學術研究價值的問題，如《華佗録袟》冠名華佗，而華佗因不與曹操合作遇害，留存文獻本就不多，即使存世的華佗《中藏經》，時至今日仍有爭議，那么，《華佗録袟》的眞正作者是誰？輯稿提供的線索對進一步考明其眞相也有意義。

范老輯稿大多依據唐代文獻學家王燾《外臺秘要》中著録的引用文獻出處輯出，但又不是全部，部分學術内涵還有《醫心方》《華佗録袟》等古文獻著録的線索。以此爲例，王燾原創的方法正是胡適先生所謂『歷史觀察方法』的學術源頭實例，也是文藝復興以來科學研究强調觀察和實驗兩個車輪之一。所謂觀察，不是針對一時一地的少量事物，而是大様本長時段的歷史性觀察。天文學的成果就是通過這種方法取得的。中醫學至今還在使用這種方法。所謂聚類，本來是數理統計學中多元分析的一個分支，但用在文獻聚類中也是行之有效的方法。因爲中醫的藏象學説本身就是取類比象，其辨證也多采用類辨、象辨等方法，再説《周易·系辭》早就告誡人們『方以類聚』，聚類思想當然也是中醫藥學優秀文化傳統。梁峻教授申請承擔國家軟科學研究計劃『中醫歷史觀察方法的聚類研究』（2009GXQ6B150），圍繞文獻的引用、被引用以及圖書散佚、輯佚等基本問題，運用聚類原理，應用計算機技術，從理論到實踐，闡述了中醫學術傳承中的文獻傳承范式，揭示了歷史觀察方法的應用價值。

輯稿既然在文獻傳承中具有關鍵作用，二〇一五年，經中醫古籍出版社積極響應，以《全漢三國六朝唐宋方書輯稿》爲題，又申請到國家古籍整理出版專項經費。以此爲契機，項目組成員重振旗鼓，經共同努力，將二十種散佚古籍之輯稿，重新整理編撰爲二十冊，并轉換成繁體字版，以便於臺港澳地區以及日本等國學者參閱。值此輯稿即將付梓之際，本人聊抒感懷以爲序！

中國中醫科學院中國醫史文獻研究所原所長、
榮譽首席研究員、全國名中醫
余瀛鰲
戊戌年初秋于北京

原序

追求健康長壽是人類共同的夙願。秦皇漢武雖曾尋求過長生不死之藥，然而，死亡却公平地對待他們和每一個人。古往今來，人類爲延緩死亡、提高生存質量付出過巨大努力，亦留下許多珍貴醫籍。其承載的知識，乃是人們長期觀察積累、分析判斷、思辨應對的智慧結晶，并非故紙一堆，有可利用的一面。

醫籍損毁的人爲因素少。始皇不焚醫書，西漢侍醫李柱國和向歆父子對醫籍都進行過整理，但由於戰亂等各種客觀原因，醫籍和其他典籍一樣忽聚忽散，故有『五厄』『十厄』等説。宋以前醫籍散佚十分嚴重。就輯佚而言，章學誠認爲，自南宋王應麟開始，好古之士踵其成法，清代大盛。然輯佚必須辨僞，即甄别軼文僞誤、訂正編次錯位、校注貼切，否則，愈輯愈亂。

已故著名醫史文獻學大家范行準先生，生前曾在《中華文史論叢》第六輯發表《兩漢三國南北朝隋唐醫方簡録》一文。該文首列書名，次列書志著録，再次列撰人，最後列據輯諸書，將其所輯醫籍給出目録，使讀者一目了然。由於種種原因，范行準先生這批輯稿未能問世。近年，范行準先生之女范佛嬰大夫多次與筆者商討此批輯稿問世問題，筆者也曾和洪曉、瑞賢兩位同事拜讀輯稿并委托洪曉先生撰寫整理方案，雖想過一些辦法，均未果。去年，經鄭蓉博士選題、劉從明社長批準上報申請出版補貼，國家古籍整理出版規劃領導小組成員余瀛鰲先生斡旋得以補貼。于是，由余先生擔任顧問，筆者與洪曉、曉峰兩位同事分工核實資料、撰寫解題，劉社長和鄭博士負責整理編排影印輯稿，大家共同努力，終于使第一批輯稿得以問世。

本次影印之輯稿，精選晉唐方書十一種二十冊，上自東晉《范東陽方》，下迄唐代《近效方》，多屬未刊印之輯複者。各書前寫有解題，說明考證相關問題、介紹内容梗概、提示輯稿價值等。其中，《刪繁方》《經心録》《古今録驗方》《延年秘録》之解題由梁峻撰寫，《范東陽方》《集驗方》之解題由李洪曉撰寫，《纂要方》《必效方》《廣濟方》《産寶》《近效方》之解題由胡曉峰撰寫。爲保持輯稿原貌，卷次闕如、内容散漫者，仍依其舊。所收《删繁方》一書，雖作者謝士泰生平里籍考證不詳，但其内容多引自佚書《華佗録袟》，該書存有中醫理論在古代的不同記載，如皮、肉、筋、骨、脈、髓之辨證論治方法等。現代著名中醫學家王玉川先生曾提示筆者要重視此書的研究，筆者亦曾研讀，并指導幾位研究生從不同角度開展工作，多有收穫。

范行準先生之輯稿，均很珍貴，具有重要的文獻與研究價值。此次影印出版，定名爲《范行準輯佚中醫古文獻叢書》，其他輯佚图書將陸續影印出版。筆者相信，輯稿影印本問世，對深入研究晉唐方書必將産生重要作用。欣喜之際，謹寫此文爲序。

梁　峻

二〇〇六年夏於北京

《四時纂要》解題

（王光涛）

范行準先生輯複之稿本，共一冊。該版本無序言，無目錄，首即見正文。版高 14.7cm，寬 11.3cm，每半頁 9 行，行 17 字。單魚尾，四周單欄。首頁右下有陽刻印章一枚，鐫有朱印『行準手輯古逸醫方』八個字。該手寫稿為行楷，字體工整流暢。范老輯複之稿本，根據資料内容的多寡，擇善而從。該手稿收集了《四時纂要》《名醫敘論》《名醫錄》《陸氏續集驗方》《宋氏藥證》《究原方》《王醫繼先方》《勸善書》《徒都子膜外氣方》原書之方劑，並有序加以排列、校勘，雖由於資料原因，未恢復全書原貌，但為今人研習創造了條件。

《四時纂要》五卷，唐末或五代初期韓鄂（一作韓諤）撰，已佚。一九六一年在日本發現重刻本，二〇一七年又在韓國廣尚北道醴泉郡發現了用朝鮮王朝時代最早的金屬活字『癸未字』印刷本一冊。該書為韓鄂撰寫的一部農書，對農村居民的生產活動及後世農家曆的編纂很有影響。北宋天禧四年（一〇二〇），與《齊民要術》一起被朝廷刊印，其中包含醫學技術部分。

《名醫敘論》卷數不詳，著者佚名，已佚。出自《三元參贊延壽書》《醫方類聚》等引用古今醫家書目。

《名醫錄》卷數不詳，著者佚名，已佚。出自《赤水玄珠》《本草綱目》《醫方類聚》等引用古今醫家書目。同治十二年（一八七三）《豐城縣誌》載明·楊廉《名醫錄》。

《陸氏續集驗方》五十卷，陸贄（七五四—八〇五）撰，已佚。出自《醫方類聚》等引用古今醫家書目。

《宋氏藥證》卷數不詳，著者佚名，已佚。出自《備急千金要方》《醫方類聚》等引用古今醫家書目。

《究原方》五卷，南宋張松（字茂之）撰，已佚。成書於南宋嘉定六年（一二一三）。張氏博采古來必驗之方，掇拾家傳已試之説，撰成是書。見《宋史·藝文志》，出自《備急千金要方》《醫方類聚》等引用古今醫家書目。

《王醫繼先方》卷數不詳，著者佚名，已佚。出自《壽親養老書》《醫方類聚》等引用古今醫家書目。

《勸善書》卷數不詳，著者佚名，已佚。出自《醫方類聚》等引用古今醫家書目。

《徒都子膜外氣方》一卷，唐代徒都子撰，已佚。《宋史·藝文志》《通志·藝文略》《國史·經籍志》和《崇文總目》皆曰：『徒都子膜外氣方一卷。』《聖濟總錄》：『諸家方書論水氣甚詳，未嘗有言膜外氣者。唐天寶間，有徒都子者，始著《膜外氣方》書，本末完具，自成一家，今並編之。然究其義，本於肺受寒邪，傳之於腎，腎氣虛弱，脾土又衰，不能制水，使水濕散溢於肌膚之間，氣攻於腹膜之外，故謂之膜外。其病令人虛脹，四肢腫滿，按之沒指是也。』出自《聖濟總錄》等引用古今醫家書目。

目錄

四時纂要

續命湯主半身不遂口喎心昏角弓反張不能言方

麻黃六分去節 獨活六分 升麻五分 乾葛五分 零羊角屑四分 桂心四分 防風六分 甘草四分

右件藥各切碎用水二大升先煎麻黃六七沸掠去沫次下諸藥浸一宿明日五更煎取八大合去滓分爲兩服溫溫服舉以

衣被蓋臥如人行十里更一服准前蓋臥
晚起避風每年春分以陽日服一劑服三
劑即不染大行傷寒及諸風邪等疾忌生
葱蒜菜生冷等物　類聚卷十九諸風門七　葉十八

歲旦投麻子二七粒小豆二七粒於井中辟
溫七日上會日可齋戒早起男吞小豆七
粒女二七粒一年不病
廁前草正月初上寅日燒中庭令人一家不

著天行

端午日以艾蒜為人安門上辟温

共工氏有不才子以冬至日死為疫鬼畏赤小豆故冬至日以赤小豆粥厭之

茵陳丸治瘴疫時氣温黄等若嶺表行往此藥常須隨身

茵陳（四兩） 大黄（五兩） 豉心（五合） 恒山 梔子人（熬） 芒消 杏人（去皮尖熬研後入之已上各三兩） 鱉甲（二兩去膜酒及醋塗炙） 巴豆（一兩別熬研入用）

右件九味擣羅爲末鍊蜜爲丸初得時氣三日旦飲服五丸如梧桐子大如行十里許或痢或汗或吐如不吐不汗不痢更服一丸五里久不覺可以熱飲促之老小以意酌度凡黄病痰癖時氣傷寒瘧疾小兒熱欲發癇服之無不差瘴瘧神驗赤白痢亦妙春初一服一年不病忌人莧蘆筍猪肉已前諸藥臘月合收瓶中以蠟紙固口置高處逐時減出可二三年一合

辟温法養生術云臘夜持椒三七粒卧井傍勿与人言投椒井中除温疫病

神明散

蒼术　桔梗　附子炮各二兩　烏頭炮四兩　細辛一兩

右擣篩為散絳囊盛帶之方寸匕一人帶一家不病有染時氣者新汲水调方寸匕服之取汗便差春分後宜施之類聚卷五十二傷寒门二十六葉十四至十六

鹿骨酒

苟杞子酒

鐘乳酒

地黃煎

麋茸丸以上諸方原缺數頁卷百四十八法虛門六葉七十八

犀角丸療癰腫并發背一切毒腫服之腫化為水神驗方

犀角屑十二分　蜀升麻　黄芩　防風　人
參　當歸　黄耆　乾薑　葶藶　黄連
去毛　甘乾炙　梔子仁已上各四兩　大黄三分　巴豆十二
分醋熬黄去心膜
右先擣巴豆如泥又研令極細餘十三味
並為散入巴豆膏同研令至匀鍊蜜同擣
令巴豆匀細為丸如梧桐子大患者飲服
三丸通利三兩行喫冷漿水粥止之如不
利加至四五丸唯初服快利後漸減丸散

取溏利為度老少以意增減腫消皮皺痢甚水盡乃止忌热麵魚蒜猪肉菘菜生冷粘食等類聚卷一百七十三癰疽門四葉八十二

烏金膏

烏虵膏以上二方原缺類聚卷一百八十九諸瘡門二葉五十三

木瓜餅子治冷氣癨乱痰逆方

青木香 甘草炙 白檳榔 訶梨勒 人

劑

參　陳橘皮　芎　吳茱萸　高良薑

當歸　益智子　草荳蔻　桂心已上各半兩細

杵為末　桑白皮一兩　白朮二兩　生薑二兩　大腹五分四味

別擣

右先以四味用水三升并煎藥篩不盡麤

滓末同入煎之煎至二升許去滓入淨鹽

壹升又煎似藥鹽令乾先以好上木瓜十

顆去皮核爛蒸入砂盆內細研入藥鹽及

煎藥末同研取勻細曝乾脆作餅子火焙

乾忽遇癰乱咬牽一斤子喫便之遠近出入

將行隨身用防急疾成是酒筵下出香美

而且風流

紅雪

朴消十斤馬牙者尤佳並須精鍊 升麻 大青 桑根

白皮 槐花各二兩 犀角屑一兩 淡竹葉去梗 蘇

木三兩碎別並 訶梨勒三拾个 檳榔二拾个 朱砂一兩

先細研要成乃下

右件升麻等七味剉以水二斗浸一宿濾

取壺大斗餃吉滓去淀即下朴硝於藥汁
中煎以杓揚不得停手候無水即下苏木
汁朱砂攪和致於盆中冷硬收成療壺切
病冷以水調下之産後痛以酒調服之以
湯投之忌熱肉麵蒜等 敦煌丟一百九十五 雜療方一葉六十
四至六 半大

正月勿食虎豹狸肉令人傷神勿食蓼
二月勿食兔傷神勿令雞子令人惡心九月

勿食鮮魚仙家大忌

三月勿食脾土王在脾故勿食鷄子令人一

生昏乱勿食鳥獸五藏及百草仙家大忌

此月庚寅日勿食魚大凶

四月勿食雉令人氣逆勿食鱓魚害人勿食

蒜傷氣損神

五月君子齋戒薄滋味無食肥濃無

食煮餅是月五日六日十六日別寢犯之一

三年致卒

六月勿食生葵宿疾尤不可食食露葵者犬
噬終身不差勿食諸脾勿飲澤水令人病
鱉瘕六月勿起土仙家大忌
七月勿食蓴是月蠋虫著上人不見勿食生
蜜令人發霍亂
八月勿食薤蒜損壽減智勿食雉子傷神
十月勿食猪肉發宿疾勿食椒損心
十一月勿食黿鱉令人水病勿食陳脯勿食
鴛鴦令人惡心勿令生菜忌同九月

十二月勿食龜鱉必害人勿食牛肉凡烏牛自死者若北首死者害人構枝及桑柴炙牛肉者並令人生虫食自死豕肉令人體癢

類聚卷二百五養性門
七葉二十九至三十

卅三、二、十三

名醫敘論

思慾無窮所願不得意淫於外為白淫而下因是入房太甚宗筋縱弛醫方類聚卷二百一卷性門三引三元延壽書欲不可絕條葉四十一

世人不終耆壽皆由不自愛惜恣爭盡意聚毒攻神內傷骨髓外乏肌肉正氣日衰邪氣日盛不異舉滄波以注爝火頹華嶽以斷涓流同上引三元延壽書忿怒條葉四十八案前條引名醫論此條引名醫敘論

名醫錄

處州吳醫

睦州楊寺丞有女事鄭迪功女有骨蒸内熱之病時發外寒寒過内熱附骨蒸盛之時四肢微瘦足趺腫者其病在五臟六腑之中衆醫不瘥因遇處州吳醫看曰請爲治之只單用石膏散服之體微涼如故（醫方類聚卷二百十五婦人門十婦人大全良方引　葉六十）

白牡丹

京師有一婦人姓白有美容京人皆稱為白牡丹貨下胎藥為生忽患腦疼日增其腫名醫治之皆不愈日久潰爛臭穢不可聞每夜聲喚遠近皆聞之一日遂說與家中云我所蓄下胎藥方盡為我焚之戒子弟曰誓不可傳此業其子告母云我母因此起家何棄之有其母曰我夜夜夢數百小兒咂我腦袋所以疼痛叫喚此皆是我以毒藥壞胎獲此果

報言訖遂死 數原卷三總論三葉三十五至三十六 釋繼洪澹寮方下脫果報條引名醫錄

徐文伯

宋少主元徽與徐文伯微行學鍼法文伯見一娠婦足腫不能行少主脉之此女形也文伯診之曰此男胎也在左則胎黑色少主怒欲破之文伯惻然曰臣請鍼之胎遂墮男形而色黑 類聚卷二百二十五婦人門二十葉二十一至三十二婦人大全良方引

趙巒

汾州王氏得病右脇有聲如蝦蟆常欲手按之不則聲聲相接群醫弗能辯聞晉陽山人趙巒善診命診之巒曰此因驚氣入于臟腑不治而成疾故常作聲王氏曰因邊水行次有大蝦蟆躍高數尺蟆作一聲氏忽驚叫便覺右脇牽痛自後作聲尚似蝦蟆也巒乃与六神丹服之來日取下青涎類蝦蟆之衣遂差巒言診王氏脉右関脉伏結積病也故止

作積痛治用六神丹泄之而愈類聚卷一百九積聚門一葉
百十九 濟 參引

張鼂竜

郭太尉真州人久患目盲有白翳膜喫藥無効有薦到張鼂竜視之云此眼緣服熱藥過多及生外障視物不明朝朝昏黑若補其肝腎則眼愈盲请太尉將藥点眼仍服之一月須安如其言果翳退复目如舊因求其方乃只用豬胆微火銀銚內煎成膏入冰脳粒如黍米大点入眼中微覺翳輕後又將豬膽白膜皮曝乾合作小繩如釵大小燒作灰待冷

亦醫鍼者亦能治之 類聚卷六十八眼門五葉九十三濟秦方引

莫都料

咸平中職方魏公在潭州有數子弟皆幼因相戲以一鉤竿垂釣用枣作餌登陸釣雞雛一子學之而誤吞其鉤至喉中急引乃鉤以鬚逆不能出乃命之諸醫不敢措手魏公大怖令人遍問老婦必能經歷時有一老婦九十餘歲言亦未嘗見此切料有智識者可出之時本郡有一莫都料性甚巧令聞魏公公呼老婦責之曰吾子誤吞鉤莫都料何能治

之老婦曰聞醫者意也其莫都料曾水中打
碑塔添仰瓦覩公大哈親囑勉之曰試詢之
公遂召莫都料至沉思久言要得一蠶繭及
大念珠一串公與之莫都料遂將繭剪如錢
大用物權回面令軟以油潤之仍中通一竅
先穿上鉤線次穿數珠三五枚令兒正坐開
口漸添引數珠挨之到喉覺至繫鉤處乃以
向下一推其鉤其下而脫即向上急出之見
繭錢向下裹定鉤線鬚而出並無所損魏公

大喜遂厚賂之公曰心明者意必巧也意巧者心必巧匠取善醫 類聚卷七十四咽喉门二葉六十二 朱氏集驗方引

銀匠

治魚骾張成忠漢上人有女七八歲因將母
金鑽子壹隻剔齒含在口中不覺嚥下胃膈
疼不可忍憂惶無措忽銀匠來見云某有藥
可療歸取藥至米飲抄三錢令服來早大便
取下後問之乃羊脛炭壹物為末 類聚卷七十四咽喉
门二葉百五
澹寮方引

草澤醫

李王公主患喉癰數日痛腫飲食不下俟召到醫官言須鍼刀潰破公主聞用鍼刀哭不肯治痛逼水穀不入忽有一草澤醫曰某不使刀鍼只用筆頭蘸藥癰上霎時便潰公主喜遂令召之方兩次上藥遂潰出膿血一盞便寬兩日瘡無事令供其方醫云乃以鍼繫筆心中輕輕刺破其潰散爾別無方言醫者意也以意取效爾 數原卷七十四咽喉门二葉百四至

百五污
秦方引

全淸三國六朝庾守醫方

木芳宝

陸氏續集驗方

五味子剉散　治肺虛寒，理喘下氣。務觀郎中姊（案此五字當是後人改）忽發喘嗽，服諸藥皆不差，得此方，三服遂愈。

乾姜（炮，半兩）　甘草（炙，半兩）　陳皮（去白，三分）　桂（一兩）　茯苓（壹兩）　五味子（壹兩）

右為剉散，每服五錢，水壹大盞，煎至六分，熱服。（續添是齋百一選方卷五第六門嗽疾藥四十，按醫方類聚卷百十七咳）

嗽门四葉三十
五引是齋醫方

宋氏藥證

小續命湯

煩燥大便澁本有熱者去附子倍芍藥加竹

瀝臟寒大便利本有寒者去黄芩加白朮

附子骨肉冷痛者加肉桂附子煩多驚者

加犀角嘔逆腹脹加人參半夏自汗者去

麻黄 醫方類聚卷十四諸風门二葉七十

五 此從類聚引千金方小續命湯

後引

究原方

小續命湯

中風語言謇澁手足顫掉加石菖蒲竹瀝大便秘胸膈不快加枳實大黃氣塞不通加沈香有痰加天南星炮切數片 醫方類聚卷十四諸風门二葉七十五 此從類聚引千金方小續命湯條引

治諸風癎不問久遠用草烏皮去五靈脂等分細末猪心血圓如雞頭子大每服一圓薄

荷生姜汁浸湯食後服名保安圓 治卒急中風癱瘓口眼喎斜語言不正不省人事一切風證用川烏五兩炮微黃色 五靈脂取淨二兩半 沒藥五兩 乳香一錢 研為末煉蜜圓彈子大每一圓和服藥先以酒一盞姜七片薄荷七葉同煎七分去滓候溫入腦子一字細嚼藥一粒窨氣少時用前酒送下隔卧服

鎮江劉節使宅傳得此方名夢仙備成丹手足嚲曳言語蹇澁行履不正用大川烏五兩

去皮臍生用 五靈脂五兩揀去石 沒藥半兩研 入麝香不拘多少研細拌和滴水圓彈子大每服一圓生姜汁研化熱酒浸量力服之名烏龍圓 類原卷二十諸風門八 葉九十五至九十六

金淳三國六朝唐守墨方

木芍堂

王醫繼先方

王繼先方

鱠虀散老人脾胃久弱飲食全不能進兩服

主効

附子炮七个 丁香 藿香葉 官桂 木香

各三錢 人參半錢

右為末每服二大錢以尋常鱠虀半盞

熱調服用匙挑服之 醫方類聚卷一百二脾胃门四葉六十壽親

養老書曰王繼先進高廟方

勸善書

感應

宋饒州民郭端友精意事佛紹興乙亥之冬
募衆紙筆緣自出力以清旦淨念書華嚴
經期滿六部乃止癸未之夏五染時疾忽
兩目失光翳膜障蔽醫巫救療皆無功自
念惟佛力可救次年四月晦誓心一日三
時礼拜觀音願於夢中賜藥或方書五月
六月夢皂衣人告曰汝要眼明用獺掌散

熊胆丸則可明目諸市訪二藥但得獺掌
散点之不効二十七夜夢赴萬福寺飯
罷歸及天慶觀前聞其中佛事鐘磬聲入
觀之及門見婦女三十餘人中一人長八
尺著皂春羅衣兩耳垂肩青頭絲髮戴木
香花冠如五斗器大郭心知其異欲候回
面瞻禮儀紫衣道士執笏前揖曰我乃都
正也專為華嚴來迎請歸舍啜茶郭隨以
入過西廊兩殿垂長黃簾一女跪爐祝觀

日

音簾外青布幔下十六僧對鋪坐具而坐又見一道士下階取茶器未及上郭不告而退逕趨法堂似有感遇夜分乃覺明日告其妻黃氏云熊胆圓方乃出道藏可急往覓語未了而錫朱彥明至曰昨夜於觀中偶獲觀音治眼熊胆圓方奉室驚異與夢相符即依方市藥旬日乃成服之二十餘日藥盡眼明至是年十月平復如初即日便書增為千部乃止後贈予膝然外人

病目疾者服其藥多食藥用十七品而熊膽一分為主黃連密蒙花羌活皆壹兩半防已二兩半草龍胆蛇蛻地骨皮大木賊仙靈脾皆壹兩瞿麥旋覆花甘菊花皆半兩蕤仁壹錢半麒麟竭壹錢蔓菁子一合同為細末以雞羊肝壹具煮其半燒乾雜於藥中取其半生者去膜亂爛入上藥杵而圓之如桐子大飯後用米飲下三十粒諸藥脩治無別法唯木賊去節蕤仁用肉蔓菁水淘蛇蛻炙

之郭生自記其本末但所謂法堂感遇不
以語人
唐壽州刺史張士平中年以來夫婦俱患瞽
疾求方術不能致遂退居別墅杜門自責
唯禱醮星辰以祈所祐歲久家業漸虛精
誠不退元和七年壬辰八月十七日有書
生詣門請謁家人曰主公夫婦抱疾不接
賓客久矣書生曰吾雖書生亦攻醫術聞
使君有疾故來此耳家人入白士平士平

欣然曰久病不接賓客脫有方藥頗垂相救書生曰但一見使君自有良藥士平聞之扶疾相見謂士平曰此疾不假藥餌明日請丁夫十人鍬鍤之屬為開井一眼當自然立愈如其言而備焉書生即選勝地自晨穿井至夕見水士平眼疾頓輕及得新水洗眼即時明淨平復如初數年之疾一旦豁然夫婦感而謝之厚遺金帛書生曰吾非世間人太白星官也以子抱疾數

年不忘於道精心禱醮上感星辰五帝星君使我降授此術以祛重疾苦于脩奉之心金帛之遺私吾所要也因留此法令贈教世人以救疾苦困增獲德其要曰子午之年五月戌酉十一月卯辰為吉丑未之年六月戌亥十一月辰巳寅申之年七月亥子正月巳午卯酉之年八月子丑二月午未辰戌之年九月申未三月寅丑巳亥之年十月申酉四月寅卯取其方位年月

目時即為福地浚井及泉必有良効矣士平再拜受之言訖昇天而去醫方類聚卷七十眼門七

葉九十一至九十五

卅三之十八

徒都子膜外氣方

論病本

膜外氣者或謂之水病起於他疾不可常定或因患瘧或因積勞或因腎藏中風或因肺府傷冷或因膈上氣或因衝熱遠行或因酒肉中不得消於脾經於腎或因欬嗽或多涕唾或因蓄聚冷氣壅塞不散遂使脾藏熱氣攻心五藏冷氣不化為水流入膀胱在大腸膜外所以切脈不能知鍼灸不能及蓋人腎

為命本不可虛也本固即葉茂本虛即易枯況四時衰王皆乘腎藏之氣腎損即五藏皆衰是致胃閉而脾不磨氣結而小便澀輕重之候在大小便耳若小便不通則氣壅攻擊腹內衝出膜外化而為水使人手足頭面浮腫若大小便微澀則微腫極澀則極腫大小便俱不通三日即徧身洪腫至重則陰亦腫夫陰腫有二有腫而小便自出者有腫而小便出澀者又有莖頭連少腹膀皆腫者此並

為死候宜速治之若患此疾腫亦不常定或先手足而目浮腫或先腰肋微腫或先手足小腫其候或消或甚三五日稍愈或三五月再發亦以小便通澀為候積漸變成洪腫婦人得之與此略同凡患此疾令人腹脹煩悶胷間氣急此由肺脹甚即喘氣半吼坐卧行立不得或中夜已後氣攻胷心重者一年二作方死有一月兩月死者若將息失度誤食毒物十日五日即甚也愚醫多以鍼灸出水為

功又以鯉魚赤小豆為藥又合病人飲黃牛尿服商陸根皮有所損少有差者大抵此病尤忌鍼灸華佗云患水病未遇良醫第一不得鍼灸言氣在膜外已化為水水出即引出腹中氣水盡則死扁鵲云水病在膜外常鍼不可及常藥不可療惟神鍼良藥可也有此疾者宜向陽行坐遇陰雨則愈覺壅滯房中常須存火服藥後夜臥覺胸間熱甚宜含紅雪與好茶之類慎勿飲酒及次茶冷水茶湯

宜喫五靈湯方錄在卷後尤忌鹽生冷醎滑

治膜外氣水病不限年月深淺洪腫大喘須

臾不可過朝服暮差防己湯方

防己 大戟 木香 赤茯苓去黑皮 海蛤

犀角屑 胡椒 白术 葶藶 防風去叉 木

通 桑根白皮 紫蘇 陳橘皮炙 牽牛

子 訶梨勒去核 郁李人 白檳榔各壹兩 大

黃二兩 麝香少許湯成下不用研

右二十味等分唯大黃壹味倍用並須新

藥剉了秤為二劑以水三升宿浸明日五
更用鐺文火煎減去壹升絞取飲可三盞
平旦空腹且服壹盞如人行五里更服壹
盞又如人行五里更服壹盞至第二第三
服以藥冷用重湯煖之不可冷服若久病
腹中虛服至第三盞即微利三兩行其腹
中實者至日午即瀉宜用益盛驗之必
有惡濁黃水或青黑惡物出三五升並氣
化為之瀉若不甚困慎勿止之必自住若

覺力乏即服漿水粥補之後隔三五日更服壹劑還依此法服之按徒都先生云服第壹劑則病減半至第二劑則去根本前復歷試絕重者朝服一劑而暮已差根本深者服藥當日腫消能起但覺小腹內有塊結即須後劑去之其藥滓慎勿拋弃布囊盛懸於風中佗日或覺微有發動則更煎藥滓可更治兩人徒都先生云人家有此藥滓懸於戶上一家終不患疫氣此飲

不獨治水氣凡是氣病皆治之若患肺氣
不限年月深淺於此藥二十味中減去大
黃及訶梨勒加貝母人參以童子小便煎
每日空心服之當去病根有患肺氣困重
者因逢患水氣人服此藥偶得一盞服之
便當永差有人一生患腳氣時時衝心服
此飲亦除根本以此推之但是氣皆治不
獨治水氣而已產婦有娠人服之亦無妨
小兒及老人隨意加減差後宜服順氣丸

治水氣順氣丸方

防巳半壹兩 大黃半二兩 犀角鎊炙 訶梨勒皮

牽牛子 赤茯苓去黑皮 葶藶炒 海蛤研

窮 乾地黃焙 木通剉 大戟 桑根白皮

剉 陳橘皮去白 防風去須 郁李人去皮 木香各壹兩

右壹十七味擣羅為末鍊蜜丸梧桐子大

每服十丸空腹米飲下覺塵不快則加至

十五丸覺通則減至三五丸大小便不通

即加至三十丸此藥不獨治水氣其功与

前飲相類若患水氣人服前飲後腫既消
便服此順氣丸氣順血滑体氣輕健即重
患脚氣人長合此藥將行備急服前飲差
百日內即宜服五靈湯

治水氣五靈湯方

訶梨勒皮 木通剉 赤茯苓去黑皮 防己剉
陳橘皮湯浸去白焙各壹兩

右五味麁擣篩每服五錢匕水一盞半煎
至壹盞去滓溫即飲之覺熱即喫好茶

治水氣牽牛五靈煮散方

牽牛子炒 檳榔剉 木香 赤茯苓去皮 黑陳橘皮湯浸去白焙各壹兩

右五味搗羅為散如茶法並三兩沸湯下飲之此藥兼治一切脚氣脹氣每覺心胸煩悶時服壹盞即愈奔豚氣上築心胸不可忍者併三兩盞立效

治水氣紫蘇煮散方

紫蘇葉 防風去叉 桑根白皮切 白朮剉碎等分

右四味搗罷為散如茶法煎三兩沸覺熱若去白朮加甘草功效如前方所說又有蛇蠱狀與水病相似四肢如故小便不甚澀但腹急腫而蠱脹不下食凡醫多誤作水氣治之宜細詳審當服太上五蠱丸

治百病及諸色蠱常合將行備急五蠱丸方

雄黃研 椒目炒 巴豆出油盡 莽草 真珠末研 芫花醋浸炒焦 鬼臼 礬石燒令汁枯 藜蘆去蘆頭 獺肝各壹分 蜈蚣壹寸 附子炮裂去皮臍半兩 斑猫去翅

足炒十枚

右一十三味搗研為末鍊蜜丸如小豆大

瓷合密收每食後服一丸如未效日增壹

丸以利為度當有虫出形狀不可具載蠱

下後七日內切宜將攝凡服此藥一劑蠱

不能侵百病尽除勿食五辛又蛇毒甚者

合五蠱丸末及且以大豆漬酒絞汁服半

升即差又酒服桔梗犀角末方寸匕日三

腹中毒甚不能自服斡口開與之藥下心

頭當煩悶須臾即穌如此服七日後宜食
豬脾藏補養今所錄蛇蠱方在卷末者緣
蛇蠱狀似水病恐人不辨誤作水病治之
且謂水藥不驗楊麐所傳地仙徒都先生
神方一十五首皆治惡病而膜外水氣方
具于首蛇蠱次之餘方世人無有傳者楊
麐云曾有親識患水病洪腫滿狀頃刻必
死旦服此藥至暮獲安不忍弃其滓常以
絹囊盛之凡煎防已湯須用舊鐺於火中

合之燒令通赤揩磨取淨免有油膩又於
藥名二十味中各取一字合成四句歌之
庶使年久不忘胡牽牽薏海漢茯戟通桑
青黃訶麝橘白郁紫防榔
治膜外水氣神效牛李子丸方
牛李子微炒 牽牛子微炒 吳茱萸水浸一宿炒乾 青橘
皮去白燒各半兩 杏人湯浸去皮尖雙人生用十五枚 葶藶紙上炒少
許
右六味搗羅為末用水浸蒸餅丸如小豆

陳

大每服三十丸夜後並橘皮湯下以利下
氣為度
治膜外水氣澤漆丸方
澤漆微炒壹兩 水銀鍊 葶藶紙上炒 大戟微煨 郁李
人湯浸去皮炒 枳殼去瓤麩炒各壹兩半 甘遂 椒目微炒
各壹兩
右八味擣羅為末鍊蜜丸如小豆大每服
十丸空腹米飲下未利加至十五丸
治膜外水氣身腫十水丸

藁本去黃土　澤漆微炒　大戟微煨　連翹　葶藶紙上炒

甘遂微炒　芫花醋浸炒焦　桑根白皮炙剉　赤小豆微炒各三分

巴豆去皮心膜麩炒出油盡壹兩

右壹十味搗羅為末鍊蜜丸如小豆大每服五丸空心米飲下不利加至十丸

治膜外氣白牽牛子散方

白牽牛子炒　青橘皮去白燒炒　木通剉各壹兩

右三味搗羅為散每服壹錢匕煎商陸湯調下大便下黃水為度忌鹽一百日

治膜外水氣甘遂餅方

甘遂　大麥麵各半兩

右二味擣羅為末以水和作餅子燒熟熱服之如不利以熟飲投之如利以冷水洗手而即止類聚卷百二十九水腫门四葉二十一至三十回摘聖濟總錄輯

諸家方書論水病甚詳未嘗有言膜外氣者

唐天寶間有徒都子者始著膜外氣方書本

末完具自成一家今併編之然究其義本於肺受寒邪傳之於臍臍氣虛弱脾土又衰不能制水使水濕散溢於肌膚之間氣攻於腹膜之外故謂之膜外氣其病令人虛脹四肢腫滿按之沒指是也同上葉二十一日按此文原爲聖濟總錄之按識在論本病之前作解題今移錄卷尾爲跋

全漢三國六朝唐宋醫方 [illegible]

六、三十、眼花